Inteligência Artificial e o Futuro da Educação

Enrico Guardelli

Direitos autorais © 2024 Enrico Guardelli

Todos os direitos reservados

Algumas partes do livro não podem ser reproduzidas, armazenadas em sistema de recuperação ou transmitidas de qualquer forma ou por qualquer meio que seja, eletronicamente, mecanicamente, fotocopiado, gravado ou de outra forma, sem a autorização expressa por escrito do editor.

Conceito da capa por: MedTechBiz

Inteligência Artificial e o Futuro da Educação

Inteligência Artificial e o Futuro da Educação

Introdução 7
Fundamentos de Inteligência Artificial **12**
    O Que é Inteligência Artificial 12
    Principais Tecnologias de IA 16
    Como a IA Funciona 21
Aplicações da IA na Educação **26**
    Tutoria Inteligente (ITS) 28
    Plataformas Adaptativas 32
    Análise de Dados Educacionais 36
    Assistentes Virtuais e Chatbots 40
Personalização da Aprendizagem **44**
    Aprendizagem Individualizada 44
    Mapeamento de Competências 49
    Feedback em Tempo Real 54
Avaliação e Monitoramento **58**
    Avaliação Automatizada 58
    Monitoramento do Desempenho 62
    Detecção de Plágio 66
IA para Professores **70**
    Assistentes de Planejamento 70
    Análise de Sala de Aula 74
    Desenvolvimento Profissional 78
Desafios e Considerações Éticas **82**
    Privacidade e Segurança de Dados 82

Bias e Justiça..86
Impacto no Papel dos Professores..90
Casos de Estudo... **95**
Implementações Bem-Sucedidas...95
Lições Aprendidas e Desafios... 100
O Futuro da IA na Educação.. **106**
Tendências Emergentes... 106
Visões para o Futuro...112
Reflexões Finais.. **119**
Apêndices..122
Glossário de Termos de IA... 122
Artigos...127
Referências Bibliográficas... 128

Inteligência Artificial e o Futuro da Educação

Introdução

A educação está passando por uma revolução silenciosa, impulsionada pela inovação tecnológica. Entre as várias inovações, a inteligência artificial (IA) está emergindo como uma das mais transformadoras.

Desde tutores virtuais personalizados até sistemas de avaliação automatizados, a IA está remodelando a forma como ensinamos e aprendemos.

Historicamente, a educação tem sido lenta em adotar novas tecnologias. No entanto, a rápida evolução da IA nos últimos anos forçou escolas, universidades e outras instituições de ensino a reavaliar suas abordagens tradicionais.

A IA oferece uma promessa única: a capacidade de personalizar a aprendizagem em uma escala nunca antes possível. Ferramentas baseadas em IA podem adaptar o conteúdo educacional às necessidades individuais dos alunos, oferecendo suporte personalizado e em tempo real.

A promessa da IA na educação vai além da personalização. Ela inclui a automação de tarefas administrativas, a análise de grandes volumes de dados educacionais para insights mais profundos e a criação de ambientes de aprendizagem interativos e imersivos.

Essas capacidades não apenas aumentam a eficiência dos sistemas educacionais, mas também liberam professores e administradores para se concentrarem no que fazem de melhor: ensinar e apoiar os alunos.

No entanto, a integração da IA na educação não é isenta de desafios. Questões de privacidade, segurança de dados e a necessidade de garantir a equidade e a justiça nos algoritmos são preocupações importantes que devem ser abordadas.

Além disso, há um debate contínuo sobre o papel dos educadores em um mundo cada vez mais automatizado.

Este livro, "Revolução na Sala de Aula: Inteligência Artificial e o Futuro da Educação", explora as diversas maneiras pelas quais a IA está impactando a educação e oferece uma visão abrangente sobre o futuro desta transformação.

A IA também tem o potencial de transformar a forma como avaliamos o desempenho dos alunos. Sistemas de avaliação automatizados podem fornecer feedback instantâneo, ajudando os alunos a identificar e corrigir erros rapidamente.

Isso não só melhora a eficiência do processo de aprendizagem, mas também permite uma abordagem mais contínua e formativa para a avaliação, em vez de depender apenas de exames finais.

Para os educadores, a IA pode ser uma ferramenta poderosa para planejar e ministrar aulas.

Assistentes de planejamento baseados em IA podem ajudar a criar planos de aula adaptados ao perfil da turma, enquanto ferramentas de análise de sala de aula podem fornecer insights sobre o engajamento e o progresso dos alunos.

Esses recursos permitem que os professores ajustem suas estratégias de ensino em tempo real, criando um ambiente de aprendizagem mais dinâmico e responsivo.

À medida que exploramos as aplicações práticas da IA na educação ao longo deste livro, também refletimos sobre as tendências emergentes que estão moldando o futuro da educação.

Desde o uso de realidade aumentada e virtual até o desenvolvimento de plataformas de aprendizagem totalmente interativas, a IA está abrindo novas possibilidades que antes eram apenas imagináveis na ficção científica.

Em última análise, este livro é uma jornada pelo presente e futuro da educação transformada pela inteligência artificial.

Esperamos que ele inspire educadores, administradores, formuladores de políticas e todos os interessados no futuro da educação a explorar as oportunidades oferecidas pela IA, ao mesmo tempo em que aborda os desafios éticos e práticos que acompanham essa transformação.

A revolução na sala de aula já começou, e é hora de abraçar as mudanças que a inteligência artificial está trazendo para o mundo da educação.

Fundamentos de Inteligência Artificial

O Que é Inteligência Artificial

A Inteligência Artificial (IA) é um campo da ciência da computação focado no desenvolvimento de sistemas capazes de realizar tarefas que, normalmente, requerem inteligência humana.

Estas tarefas incluem reconhecimento de fala, tomada de decisão, resolução de problemas, aprendizado e compreensão de linguagem natural.

Segundo Stuart Russell e Peter Norvig, autores do influente livro "Inteligência Artificial: Uma Abordagem Moderna", a IA pode ser definida como "o estudo de agentes que recebem percepções do ambiente e realizam ações".

O conceito de IA não é novo. Suas raízes remontam aos anos 1940 e 1950, quando cientistas começaram a explorar a possibilidade de criar máquinas capazes de simular aspectos da inteligência humana.

Alan Turing, um dos pioneiros no campo da computação, propôs o famoso "Teste de Turing" em 1950, como uma forma de determinar se uma máquina poderia exibir comportamento inteligente indistinguível do humano. Turing perguntou: "As máquinas podem pensar?", uma questão que ainda impulsiona a pesquisa em IA.

A IA moderna ganhou ímpeto com o desenvolvimento do computador digital. Em 1956, o termo "inteligência artificial" foi cunhado por John McCarthy durante a conferência de Dartmouth, que é amplamente considerada o nascimento oficial do campo da IA.

McCarthy definiu a IA como "a ciência e a engenharia de fazer máquinas inteligentes". Esta conferência reuniu vários dos primeiros pesquisadores da IA e estabeleceu as bases para o desenvolvimento futuro da tecnologia.

Durante as décadas de 1960 e 1970, a pesquisa em IA focou-se principalmente no desenvolvimento de programas capazes de jogar jogos e resolver problemas matemáticos.

Entretanto, a falta de poder computacional e dados limitou os avanços. Marvin Minsky, um dos pioneiros da IA, foi otimista sobre as possibilidades futuras, mas também realista sobre os desafios.

Ele afirmou que "dentro de uma geração... o problema de criar 'inteligência artificial' será substancialmente resolvido", mas também reconheceu a complexidade do empreendimento.

Nos anos 1980 e 1990, a IA passou por períodos de otimismo e desilusão, frequentemente referidos como "invernos da IA". Durante esses períodos, a falta de progresso significativo levou a cortes de financiamento e interesse reduzido.

Todavia, o advento dos computadores mais poderosos e a crescente disponibilidade de grandes volumes de dados renovaram o interesse na IA.

Inteligência Artificial e o Futuro da Educação

A obra de Judea Pearl sobre redes bayesianas e raciocínio probabilístico, por exemplo, trouxe avanços significativos na capacidade das máquinas de lidar com incertezas.

Hoje, a IA está presente em inúmeras aplicações cotidianas, desde assistentes virtuais como Siri e Alexa até sistemas de recomendação em plataformas como Netflix e Amazon.

Andrew Ng, um dos principais especialistas em aprendizado de máquina, destaca que "a IA é a nova eletricidade", insinuando sua capacidade de transformar indústrias e moldar o futuro da sociedade.

O desenvolvimento contínuo de algoritmos de aprendizado profundo e a integração da IA em diversas áreas indicam que estamos apenas começando a explorar o potencial desta tecnologia transformadora.

Inteligência Artificial e o Futuro da Educação

Principais Tecnologias de IA

Uma das principais tecnologias de inteligência artificial é o aprendizado de máquina (machine learning). Esta sub-área da IA envolve o desenvolvimento de algoritmos que permitem aos computadores aprenderem a partir de dados e melhorarem seu desempenho em tarefas específicas sem serem explicitamente programados para isso.

Segundo Tom Mitchell, uma definição clássica de aprendizado de máquina é: "Um programa de computador é dito que aprende com a experiência E em relação a alguma classe de tarefas T e medida de desempenho P, se seu desempenho nas tarefas em T, medido por P, melhora com a experiência E" (MITCHELL, 1997).

Exemplos comuns de aprendizado de máquina incluem reconhecimento de padrões, sistemas de recomendação e diagnósticos médicos.

As redes neurais artificiais, inspiradas na estrutura do cérebro humano, são uma tecnologia fundamental dentro do aprendizado de máquina.

Elas consistem em camadas de unidades de processamento (neurônios artificiais) que podem aprender representações hierárquicas dos dados.

Geoffrey Hinton, um dos pioneiros no campo das redes neurais, descreve as redes neurais como "um conjunto de algoritmos modelados de forma vagamente inspirada no cérebro humano, projetados para reconhecer padrões" (HINTON, 2015).

Estas redes têm sido especialmente eficazes em tarefas complexas como reconhecimento de imagem e processamento de linguagem natural.

O aprendizado profundo (deep learning) é uma sub-área do aprendizado de máquina que se baseia em redes neurais profundas, com muitas camadas de neurônios artificiais.

Yann LeCun, Yoshua Bengio e Geoffrey Hinton, em seu influente artigo "Deep Learning", explicam que "as técnicas de aprendizado profundo têm permitido grandes avanços em reconhecimento de voz, visão computacional, e processamento de linguagem natural" (LECUN; BENGIO; HINTON, 2015).

O sucesso do aprendizado profundo em diversas aplicações deve-se à sua capacidade de aprender representações de dados complexas e abstrações de alto nível.

O processamento de linguagem natural (PLN) é outra área vital da IA, que se concentra na interação entre computadores e a linguagem humana.

Esta tecnologia permite que as máquinas entendam, interpretem e respondam ao texto e fala humana de maneira útil. Segundo Daniel Jurafsky e James H. Martin, autores do livro "Speech and Language Processing", "o PLN é essencial para desenvolver sistemas que podem realizar tradução automática, reconhecimento de fala, e responder perguntas em linguagem natural" (JURAFSKY; MARTIN, 2008).

Exemplos de PLN incluem assistentes virtuais como Siri e Alexa, além de sistemas de tradução automática como o Google Translate.

Além dessas tecnologias, a visão computacional é outra área crucial da IA que envolve a extração de informações significativas de imagens e vídeos.

Richard Szeliski, autor de "Computer Vision: Algorithms and Applications", "a visão computacional visa automatizar tarefas que o sistema visual humano pode fazer" (SZELISKI, 2010).

Aplicações incluem reconhecimento facial, detecção de objetos e análise de imagens médicas. As tecnologias de visão computacional são amplamente utilizadas em áreas como segurança, saúde e automóveis autônomos.

Outras tecnologias emergentes da IA incluem agentes autônomos e sistemas multi-agentes, que permitem que diferentes agentes de software interajam e colaborem para realizar tarefas complexas.

Stuart Russell e Peter Norvig, em "Artificial Intelligence: A Modern Approach", descrevem que "os sistemas multiagentes representam a próxima fronteira na construção de sistemas distribuídos de IA, onde múltiplos agentes interagem em um ambiente comum" (RUSSELL; NORVIG, 2010). Essas tecnologias são fundamentais para aplicações em robótica, jogos e simulações complexas.

Como a IA Funciona

A inteligência artificial (IA) é fundamentada em diversos princípios e técnicas que permitem às máquinas realizar tarefas que normalmente requerem inteligência humana.

O funcionamento da IA é baseado principalmente em algoritmos, que são conjuntos de regras ou instruções para resolver problemas ou executar tarefas específicas.

"A IA é o estudo de agentes inteligentes que percebem seu ambiente e tomam ações que maximizam suas chances de sucesso" (RUSSELL; NORVIG, 2010).

Esses agentes utilizam algoritmos para processar dados, aprender com experiências passadas e tomar decisões informadas.

Um dos principais componentes da IA é o aprendizado de máquina (machine learning), que envolve a criação de algoritmos que permitem aos sistemas aprender a partir de dados.

Como descreve Tom Mitchell, "um programa de computador é dito que aprende com a experiência E em relação a alguma classe de tarefas T e medida de desempenho P, se seu desempenho nas tarefas em T, medido por P, melhora com a experiência E" (MITCHELL, 1997).

Significa que, ao invés de ser explicitamente programado para realizar uma tarefa, o sistema de IA é treinado com grandes conjuntos de dados e aprende a partir desses dados para melhorar seu desempenho.

Dentro do aprendizado de máquina, as redes neurais artificiais desempenham um papel crucial. Inspiradas na estrutura do cérebro humano, as redes neurais são compostas por camadas de neurônios artificiais que processam informações.

Geoffrey Hinton, um dos pioneiros no campo, explica que "as redes neurais são um conjunto de algoritmos projetados para reconhecer padrões, modelados de forma vagamente inspirada no cérebro humano" (HINTON, 2015). As redes são especialmente eficazes em tarefas como reconhecimento de imagem e processamento de linguagem natural.

O aprendizado profundo (deep learning) é uma subárea do aprendizado de máquina que utiliza redes neurais profundas, com muitas camadas de neurônios.

Yann LeCun, Yoshua Bengio e Geoffrey Hinton destacam que "as técnicas de aprendizado profundo têm permitido grandes avanços em reconhecimento de voz, visão computacional e processamento de linguagem natural" (LECUN; BENGIO; HINTON, 2015).

A profundidade das redes permite que elas aprendam representações complexas e hierárquicas dos dados, o que é fundamental para resolver problemas mais sofisticados.

Outro princípio básico da IA é o processamento de linguagem natural (PLN), que se concentra na interação entre computadores e a linguagem humana. Daniel Jurafsky e James H. Martin afirma que "o PLN é essencial para desenvolver sistemas que podem realizar tradução automática, reconhecimento de fala e responder perguntas em linguagem natural" (JURAFSKY; MARTIN, 2008).

O PLN utiliza técnicas como análise sintática, semântica e pragmática para entender e gerar texto e fala humanos de forma útil e coerente.

A IA também se baseia em técnicas de visão computacional, que permitem a extração de informações significativas de imagens e vídeos. Richard Szeliski descreve que "a visão computacional visa automatizar tarefas que o sistema visual humano pode fazer" (SZELISKI, 2010).

Como exemplos, podemos citar o reconhecimento facial, detecção de objetos e análise de imagens médicas.

A combinação dessas técnicas e princípios permite que a IA resolva uma ampla gama de problemas e desempenhe diversas funções que antes eram exclusivas dos seres humanos.

Aplicações da IA na Educação

A integração da inteligência artificial (IA) na educação está revolucionando o ensino e a aprendizagem ao personalizar a experiência educacional para cada aluno.

Ferramentas de aprendizado adaptativo ajustam o conteúdo e o ritmo de ensino com base no desempenho individual, criando um ambiente de aprendizagem mais eficaz.

A IA também transforma a avaliação dos alunos, com sistemas automatizados que fornecem feedback imediato e ajudam a identificar alunos em risco, permitindo intervenções precoces.

Aliás, professores e administradores se beneficiam das tecnologias de IA, que auxiliam na gestão de tarefas administrativas e no planejamento de aulas, liberando mais tempo para o ensino.

As plataformas de análise de dados educacionais oferecem insights valiosos sobre padrões de aprendizado, informando decisões pedagógicas e melhorando as práticas educacionais.

Assim, a IA se consolida como uma aliada indispensável na criação de um sistema educacional mais eficiente e inclusivo.

Tutoria Inteligente (ITS)

Os sistemas de tutoria inteligente (ITS - Intelligent Tutoring Systems) representam uma das aplicações mais promissoras da inteligência artificial (IA) na educação.

Os ITS são projetados para fornecer uma experiência de aprendizagem personalizada, adaptando-se às necessidades individuais de cada estudante.

Conforme afirmado por Nkambou, Bourdeau e Mizoguchi (2010), ITS utilizam uma combinação de técnicas de IA, como modelagem de conhecimento, aprendizado de máquina e processamento de linguagem natural, para identificar as dificuldades do aluno e oferecer conteúdo e feedback específicos para melhorar seu desempenho.

A personalização no contexto dos ITS é crucial para atender à diversidade dos estilos e ritmos de aprendizagem dos alunos.

Para Graesser, Conley e Olney (2012), esses sistemas são capazes de criar perfis detalhados dos estudantes, registrando seus progressos e dificuldades ao longo do tempo.

Com base nesses perfis, os ITS podem ajustar a complexidade das tarefas, fornecer dicas adequadas e até mesmo alterar a estratégia de ensino para otimizar a eficácia do aprendizado.

Essa adaptabilidade garante que os alunos recebam um suporte mais direcionado e eficiente do que o oferecido pelos métodos tradicionais de ensino.

Mais que isso, os ITS têm mostrado potencial significativo para promover a aprendizagem ativa e engajada. Woolf (2009) aponta que, ao fornecer feedback imediato e pertinente, esses sistemas mantêm os alunos envolvidos e motivados.

A capacidade de interagir de maneira dinâmica com o conteúdo educacional e receber respostas instantâneas às suas ações ajuda a consolidar o conhecimento e a desenvolver habilidades críticas de resolução de problemas.

A interação contínua e responsiva com os ITS cria um ambiente de aprendizagem mais estimulante e produtivo.

Outro benefício importante dos ITS é a sua capacidade de apoiar a educação inclusiva. Conforme destacado por McArthur, Lewis e Bishay (2005), esses sistemas podem ser configurados para atender a uma ampla gama de necessidades educacionais especiais, adaptando-se às diferentes capacidades cognitivas e físicas dos alunos.

De fato é particularmente relevante em contextos onde a diversidade é uma característica marcante, permitindo que todos os alunos, independentemente de suas limitações, tenham acesso a uma educação de qualidade.

Enfim, a integração dos ITS no currículo educacional pode contribuir significativamente para o desenvolvimento de habilidades do século XXI.

Como observado por Pane, Griffin e McCaffrey (2014), habilidades como pensamento crítico, criatividade e colaboração são fomentadas através das interações com sistemas de tutoria inteligentes.

Ao simular cenários complexos e oferecer problemas desafiadores, os ITS incentivam os alunos a aplicar o conhecimento de maneira prática e inovadora, preparando-os melhor para as demandas do mercado de trabalho moderno.

Plataformas Adaptativas

As plataformas adaptativas de aprendizagem têm revolucionado o cenário educacional ao oferecer uma abordagem personalizada e centrada no aluno.

Essas ferramentas utilizam algoritmos sofisticados para ajustar automaticamente o conteúdo e o ritmo de ensino, atendendo às necessidades individuais dos estudantes.

Para Johnson et al. (2011), a principal vantagem dessas plataformas é sua capacidade de monitorar continuamente o desempenho dos alunos e adaptar-se de forma dinâmica, promovendo um ambiente de aprendizagem mais eficiente e eficaz.

A personalização proporcionada pelas plataformas adaptativas é essencial para atender à diversidade das salas de aula modernas.

Kulik e Fletcher (2016) citam que as plataformas são capazes de criar perfis detalhados dos alunos com base em suas interações e desempenho.

Esses perfis ajudam a identificar áreas de dificuldade e a fornecer materiais de apoio específicos, garantindo que cada aluno receba a assistência necessária para superar suas dificuldades e progredir em seu próprio ritmo.

A flexibilidade oferecida por essas plataformas é particularmente benéfica em ambientes educacionais heterogêneos, onde os níveis de habilidade dos alunos podem variar significativamente.

Além disso, as plataformas adaptativas promovem um maior engajamento dos alunos, uma vez que o conteúdo é ajustado para ser desafiador, mas alcançável.

Apontado por Bower e Sturman (2015), o ajuste contínuo do nível de dificuldade mantém os alunos motivados e engajados, evitando tanto a frustração quanto o tédio.

A adaptação em tempo real permite que os alunos permaneçam na "zona de desenvolvimento proximal", onde aprendem de forma mais eficaz com desafios apropriados ao seu nível de habilidade atual.

Outro ponto importante das plataformas adaptativas é a sua capacidade de fornecer feedback imediato e personalizado.

Segundo Anderson et al. (2014), o feedback é um componente crítico do processo de aprendizagem, ajudando os alunos a entender seus erros e a melhorar suas habilidades.

As plataformas adaptativas utilizam técnicas de análise de dados para oferecer feedback específico e construtivo, orientando os alunos em sua jornada de aprendizagem e promovendo um progresso contínuo.

Todavia, a implementação de plataformas adaptativas pode contribuir significativamente para a democratização da educação.

Observado por Pane et al. (2014), essas ferramentas têm o potencial de proporcionar uma educação de alta qualidade a um público mais amplo, independentemente de limitações geográficas ou socioeconômicas.

A capacidade de ajustar o conteúdo e o ritmo de ensino individualmente para cada aluno torna a educação mais acessível e inclusiva, ajudando a reduzir disparidades educacionais e a promover a igualdade de oportunidades para todos os estudantes.

Análise de Dados Educacionais

A análise de dados educacionais, utilizando técnicas de inteligência artificial (IA), tem se mostrado uma ferramenta poderosa para transformar o ensino e a aprendizagem.

Com a capacidade de processar e analisar grandes volumes de dados, a IA oferece insights valiosos que podem melhorar a tomada de decisão em todos os níveis educacionais.

Siemens e Long (2011) citam que a análise de dados educacionais permite uma compreensão mais profunda das interações dos alunos com o conteúdo, facilitando a identificação de padrões e tendências que podem informar práticas pedagógicas mais eficazes.

A personalização do ensino é um dos principais benefícios da análise de dados educacionais. Segundo Romero e Ventura (2020), a IA pode analisar dados de desempenho dos alunos em tempo real, identificando suas forças e fraquezas.

Com essas informações, os educadores podem adaptar suas estratégias de ensino para atender melhor às necessidades individuais dos alunos, promovendo um aprendizado mais eficaz e personalizado.

Essa abordagem baseada em dados permite uma intervenção precoce e direcionada, ajudando a prevenir o fracasso escolar e a melhorar os resultados acadêmicos.

Além de tudo, a análise de dados educacionais pode melhorar a eficiência administrativa. Como destacado por Daniel (2015), a IA pode processar grandes quantidades de dados administrativos, como taxas de matrícula, frequência e desempenho acadêmico, para otimizar a gestão escolar.

Esses insights podem ajudar os administradores a identificar áreas de melhoria, alocar recursos de maneira mais eficaz e tomar decisões informadas que beneficiem toda a comunidade escolar.

A análise preditiva, por exemplo, pode prever padrões de abandono escolar e permitir a implementação de estratégias preventivas.

A análise de dados também desempenha um papel crucial na avaliação e melhoria dos currículos.

Segundo Baker e Inventado (2014), a IA pode analisar o desempenho dos alunos em diferentes componentes do currículo para identificar quais áreas são mais desafiadoras e quais estratégias de ensino são mais eficazes.

Esses insights podem ser usados para ajustar o currículo, garantindo que ele seja relevante e alinhado com as necessidades dos alunos.

A análise contínua e em tempo real permite ajustes dinâmicos, mantendo o currículo atualizado e eficaz.

Por fim, a análise de dados educacionais pode contribuir para a pesquisa em educação, oferecendo uma base empírica robusta para o desenvolvimento de novas teorias e práticas pedagógicas.

Consoante visto por West (2012), a disponibilidade de grandes volumes de dados educacionais permite aos pesquisadores testar hipóteses e explorar novas abordagens de ensino com maior precisão.

A aplicação de técnicas de IA, como aprendizado de máquina e mineração de dados, pode revelar padrões e insights que seriam impossíveis de detectar manualmente, avançando o conhecimento na área educacional.

Assistentes Virtuais e Chatbots

Os assistentes virtuais e chatbots estão se tornando ferramentas indispensáveis no campo da educação, oferecendo suporte automatizado tanto para alunos quanto para professores.

Utilizando inteligência artificial (IA), esses sistemas são capazes de interagir de maneira natural e eficiente, proporcionando respostas rápidas e precisas a uma ampla gama de perguntas e necessidades educacionais.

Conforme destacam Winkler e So (2017), essas tecnologias não apenas melhoram a eficiência do processo educacional, mas também aumentam o engajamento dos alunos ao fornecer assistência personalizada e constante.

Uma das principais vantagens dos assistentes virtuais e chatbots é a capacidade de oferecer suporte 24 horas por dia, sete dias por semana.

Segundo Huang et al. (2019), essa disponibilidade contínua é particularmente benéfica para os alunos que estudam em horários variados ou em modalidades de ensino a distância.

Os chatbots podem responder a perguntas frequentes sobre conteúdos do curso, prazos de entrega e detalhes administrativos, permitindo que os professores foquem em questões mais complexas e em interações pedagógicas mais aprofundadas.

Além disso, os assistentes virtuais podem personalizar a experiência de aprendizagem dos alunos. De acordo com Ruan et al. (2019), os sistemas baseados em IA podem adaptar suas respostas e sugestões com base no perfil e nas necessidades individuais dos alunos.

Essa personalização pode incluir recomendações de materiais de estudo, lembretes de tarefas e até mesmo motivação para melhorar o desempenho acadêmico. A capacidade de aprender com as interações anteriores permite que esses assistentes ofereçam um suporte cada vez mais eficaz ao longo do tempo.

Os chatbots também desempenham um papel crucial na facilitação da comunicação entre alunos e professores. Como afirmam Yao et al. (2020), em grandes turmas ou cursos online, pode ser desafiador para os professores atenderem a todas as consultas dos alunos de maneira oportuna.

A ferramenta pode atuar como intermediário, respondendo a perguntas comuns e encaminhando questões mais complexas diretamente aos professores. Isso não só economiza tempo, mas também garante que os alunos recebam respostas rápidas e precisas.

Além de apoiar os alunos, os assistentes virtuais podem ajudar os professores na gestão de suas atividades. Segundo Molnar e Kostka (2018), esses sistemas podem automatizar tarefas administrativas, como a organização de agendas, o envio de lembretes e a coleta de feedbacks dos alunos.

Há a liberação de tempo para os professores se concentrarem no desenvolvimento de estratégias pedagógicas e na interação direta com os alunos, melhorando a qualidade do ensino.

Por fim, a implementação de assistentes virtuais e chatbots pode contribuir significativamente para a inovação educacional. Conforme observado por Pérez-Marín e Pascual-Nieto (2011), essas tecnologias têm o potencial de transformar a maneira como a educação é entregue e percebida.

A interação contínua e personalizada oferecida pelos chatbots pode criar um ambiente de aprendizagem mais dinâmico e interativo, promovendo uma experiência educacional mais envolvente e eficaz.

Personalização da Aprendizagem

Aprendizagem Individualizada

A aprendizagem individualizada, facilitada pela inteligência artificial (IA), está transformando o panorama educacional ao permitir que o conteúdo seja ajustado para atender às necessidades específicas de cada aluno.

Pane, Griffin e McCaffrey (2014) afirmam que essa abordagem permite que cada aluno progrida em seu próprio ritmo e segundo seu próprio estilo de aprendizagem, aumentando significativamente a eficácia do ensino.

Uma das principais maneiras pelas quais a IA personaliza a aprendizagem é através da análise contínua dos dados dos alunos.

Em concordância com Graesser et al. (2012), os sistemas de IA podem monitorar o progresso dos alunos em tempo real, identificando padrões de acertos e erros, bem como o tempo gasto em diferentes tipos de tarefas.

Com base nesses dados, a IA pode ajustar automaticamente a dificuldade das atividades, fornecer feedback instantâneo e sugerir recursos adicionais que sejam mais adequados ao nível de compreensão e ao estilo de aprendizagem de cada aluno.

Esse ajuste dinâmico garante que os alunos sejam constantemente desafiados, mas não sobrecarregados. Aliás, a IA pode adaptar o conteúdo educativo para se alinhar com os diferentes estilos de aprendizagem.

Para Honey e Mumford (1982), os alunos possuem diferentes preferências de aprendizagem, que podem incluir estilos visuais, auditivos, cinestésicos, entre outros. Sistemas baseados em IA podem identificar essas preferências através de suas interações com os alunos e, em seguida, apresentar o conteúdo de uma maneira que seja mais eficaz para cada indivíduo.

Por exemplo, um aluno com preferência por aprendizado visual pode receber mais vídeos e infográficos, enquanto um aluno auditivo pode se beneficiar de podcasts e leituras em voz alta.

A personalização do ensino também envolve a adaptação dos objetivos e metas de aprendizagem. Segundo Woolf (2009), os sistemas de IA podem definir objetivos personalizados com base no desempenho passado e nas aspirações futuras dos alunos.

Esses objetivos são continuamente ajustados à medida que o aluno progride, garantindo que cada etapa do processo de aprendizagem seja relevante e alinhada com suas necessidades individuais.

Esse foco personalizado garante que o ensino seja mais eficaz e direcionado, significa a capacidade da IA em oferecer suporte em tempo real na aprendizagem individualizada.

Nkambou, Bourdeau e Mizoguchi (2010) destacam que sistemas de tutoria inteligentes (ITS) podem interagir com os alunos de maneira contínua, oferecendo dicas, sugestões e explicações adicionais exatamente quando necessário.

Esse suporte imediato ajuda a resolver dúvidas e obstáculos no momento em que ocorrem, evitando a frustração e promovendo um fluxo de aprendizagem mais contínuo e eficiente.

Enfim, a aprendizagem individualizada através da IA promove uma experiência de aprendizagem mais envolvente e motivadora.

Segundo Heffernan e Koedinger (2012), o uso de IA para personalizar o conteúdo e o ritmo do ensino não só melhora os resultados acadêmicos, mas também aumenta o engajamento dos alunos.

Ao receber uma atenção personalizada e um currículo adaptado às suas necessidades, os alunos se sentem mais valorizados e motivados a participar ativamente de sua jornada de aprendizagem.

Mapeamento de Competências

O mapeamento de competências é um processo essencial no contexto educacional moderno, e as ferramentas de inteligência artificial (IA) têm desempenhado um papel fundamental na identificação e no desenvolvimento das habilidades dos alunos.

Como afirmam Buckingham Shum e Ferguson (2012), a IA pode proporcionar uma visão detalhada das habilidades e lacunas dos alunos, permitindo intervenções educacionais mais eficazes e personalizadas.

Uma das principais funções das ferramentas de IA no mapeamento de competências é a análise contínua do desempenho dos alunos em diversas atividades acadêmicas.

Segundo Marzano e Kendall (2007), a avaliação contínua é crucial para compreender as competências desenvolvidas pelos alunos ao longo do tempo.

Sistemas de IA podem monitorar o progresso dos alunos em tempo real, identificando quais habilidades foram adquiridas e quais ainda precisam ser desenvolvidas.

Essa análise detalhada permite que educadores e alunos tenham uma visão clara das competências atuais, facilitando o planejamento de estratégias de ensino personalizadas.

Além de tudo, as ferramentas de IA podem identificar padrões e tendências nos dados educacionais que podem não ser facilmente perceptíveis para os educadores.

Siemens (2013) descreve que a IA pode analisar dados complexos e multidimensionais para identificar correlações e predições sobre o desempenho dos alunos.

Por exemplo, a análise de dados pode revelar que determinados alunos têm dificuldade em competências específicas que estão correlacionadas com métodos de ensino ou materiais didáticos particulares. Com esses insights, educadores podem ajustar suas abordagens pedagógicas para melhor atender às necessidades dos alunos.

As ferramentas de IA também desempenham um papel importante na personalização do desenvolvimento de competências. Em concordância com Luckin et al. (2016), a IA pode criar planos de aprendizagem individualizados que se adaptam às necessidades e aos ritmos de cada aluno.

Esses planos podem incluir recomendações de atividades, recursos educacionais e feedback contínuo para ajudar os alunos a desenvolver as competências necessárias.

Outra aplicação significativa das ferramentas de IA é o apoio ao desenvolvimento de habilidades do século XXI, como pensamento crítico, resolução de problemas e colaboração.

Voogt e Roblin (2012) apontam que essas competências são essenciais para o sucesso no mundo moderno e devem ser integradas ao currículo educacional.

Ferramentas de IA podem simular ambientes de aprendizagem complexos e interativos, onde os alunos podem praticar e desenvolver essas habilidades em contextos reais e significativos.

A análise do desempenho dos alunos nessas atividades pode fornecer insights valiosos sobre seu progresso e áreas de melhoria.

Por fim, o mapeamento de competências facilitado pela IA pode contribuir para a educação inclusiva, garantindo que todos os alunos, independentemente de suas habilidades ou limitações, tenham acesso a uma educação de qualidade.

Rose e Meyer (2002) observam que as ferramentas de IA podem ser configuradas para identificar as necessidades específicas de alunos com dificuldades de aprendizagem ou deficiências, oferecendo suporte personalizado para ajudá-los a desenvolver as competências necessárias. Isso promove a igualdade de oportunidades e o desenvolvimento integral de todos os alunos.

Feedback em Tempo Real

O feedback em tempo real é uma inovação educacional significativa, viabilizada pelo uso de sistemas de inteligência artificial (IA). Esses sistemas oferecem respostas imediatas às interações dos alunos com o conteúdo educacional, promovendo uma aprendizagem mais eficaz e personalizada.

Segundo Shute (2008), o feedback instantâneo é crucial para o desenvolvimento acadêmico, pois permite que os alunos corrijam erros rapidamente, compreendam melhor os conceitos e ajustem suas estratégias de aprendizagem conforme necessário.

Kulik e Kulik (1988) relatam que o feedback personalizado pode aumentar significativamente o engajamento e a motivação dos alunos. Sistemas de IA podem analisar as respostas dos alunos em tempo real e fornecer feedback adaptativo, ajustado ao nível de compreensão e ao estilo de aprendizagem de cada aluno.

Esse tipo de feedback não só corrige erros, mas também orienta os alunos sobre como melhorar suas abordagens de estudo.

Além disso, o feedback instantâneo ajuda a promover a autonomia dos alunos, um componente essencial para o aprendizado eficaz.

Como apontado por Nicol e Macfarlane-Dick (2006), o feedback imediato encoraja os alunos a refletirem sobre seu próprio desempenho e a desenvolverem habilidades metacognitivas.

Com o apoio de sistemas de IA, os alunos podem identificar rapidamente áreas de dificuldade e tomar medidas corretivas sem a necessidade de intervenção constante dos professores. Isso promove uma cultura de aprendizagem autodirigida e contínua.

Os sistemas de feedback em tempo real também têm um impacto positivo no ensino de habilidades práticas e técnicas.

Segundo Gikandi, Morrow e Davis (2011), o feedback imediato é particularmente útil em disciplinas que envolvem a aplicação prática de conceitos teóricos, como matemática, ciências e programação.

Por exemplo, sistemas de tutoria inteligente podem fornecer feedback instantâneo sobre a precisão de soluções matemáticas ou a funcionalidade de códigos de programação, permitindo que os alunos ajustem suas abordagens de forma imediata e eficaz.

Além de beneficiar os alunos, o feedback em tempo real também oferece vantagens significativas para os professores.

Hattie e Timperley (2007) destacam que, a análise de dados em tempo real permite que os educadores monitorem o progresso dos alunos de maneira mais eficiente e identifiquem rapidamente aqueles que precisam de suporte adicional.

Isso facilita a intervenção precoce e direcionada, ajudando a prevenir que pequenos problemas de aprendizagem se transformem em barreiras significativas ao progresso acadêmico.

Finalmente, a implementação de sistemas de feedback em tempo real contribui para a criação de um ambiente de aprendizagem mais dinâmico e interativo.

Conforme visto por Black e Wiliam (2009), o feedback contínuo e imediato torna o processo educacional mais responsivo e adaptável às necessidades dos alunos.

Essa interatividade melhora a qualidade da educação, promovendo uma experiência de aprendizagem mais envolvente e eficaz.

Avaliação e Monitoramento

Avaliação Automatizada

A avaliação automatizada utilizando inteligência artificial (IA) está revolucionando o processo de correção de provas e trabalhos acadêmicos, oferecendo soluções que proporcionam avaliações mais rápidas, precisas e objetivas.

Este avanço tecnológico alivia a carga administrativa dos educadores e melhora a eficiência e a consistência das avaliações.

Bennett e Bejar (1998) argumentam que a IA pode transformar a avaliação educacional ao introduzir métodos automatizados que analisam respostas de maneira uniforme, eliminando vieses e inconsistências.

Segundo Attali e Burstein (2006), os sistemas de IA podem corrigir provas e trabalhos em um curto espaço de tempo, fornecendo feedback imediato aos alunos.

Isso é particularmente benéfico em ambientes de ensino com grande número de estudantes, onde a correção manual seria demorada e impraticável.

A rapidez na avaliação permite que os alunos recebam feedback enquanto o conteúdo ainda está fresco em suas mentes, facilitando a assimilação das correções e a melhoria contínua.

Além da velocidade, a precisão é outro benefício significativo da avaliação automatizada. De acordo com Shermis e Hamner (2012), os algoritmos de IA são capazes de analisar respostas com um alto grau de precisão, identificando erros gramaticais, ortográficos e de conteúdo de forma consistente.

A avaliação baseada em IA pode também aplicar critérios de correção de maneira uniforme, garantindo que todos os alunos sejam avaliados com os mesmos padrões. Isso reduz o risco de vieses e subjetividades que podem ocorrer em avaliações humanas, promovendo uma maior justiça no processo de avaliação.

A IA também é capaz de realizar avaliações complexas que vão além da simples correção de respostas objetivas. Como afirma Dikli (2006), sistemas avançados de avaliação automatizada podem analisar redações e outros tipos de respostas discursivas, avaliando aspectos como coerência, coesão, argumentação e uso adequado da linguagem.

Esses sistemas utilizam técnicas de processamento de linguagem natural para entender e avaliar a qualidade do texto produzido pelos alunos, oferecendo feedback detalhado sobre vários aspectos da escrita.

Outro aspecto importante da avaliação automatizada é a capacidade de fornecer análises detalhadas do desempenho dos alunos. Segundo Balfour (2013), os sistemas de IA podem gerar relatórios abrangentes que destacam as áreas de força e fraqueza de cada aluno.

Esses relatórios podem incluir análises de tendências, comparações com o desempenho de turmas anteriores e sugestões personalizadas para melhoria.

A análise detalhada ajuda educadores a identificar padrões de aprendizado e a adaptar suas estratégias de ensino para melhor atender às necessidades dos alunos.

Conforme observado por Jordan e Mitchell (2009), ao integrar sistemas de IA que analisam continuamente o desempenho dos alunos, é possível ajustar os materiais de estudo e as atividades educacionais para atender às necessidades individuais de cada aluno.

A personalização baseada em dados de avaliação pode melhorar significativamente os resultados de aprendizagem, proporcionando uma educação mais eficaz e direcionada.

Monitoramento do Desempenho

O monitoramento do desempenho dos alunos é uma prática essencial para assegurar a eficácia do processo educacional e identificar áreas de necessidade e oportunidade para cada estudante.

Ferramentas de inteligência artificial (IA) têm se mostrado extremamente eficazes nesse contexto, proporcionando meios avançados e precisos para acompanhar o progresso dos alunos ao longo do tempo.

Para Picciano (2012), essas ferramentas permitem uma análise contínua e detalhada do desempenho acadêmico, facilitando intervenções educativas mais precisas e personalizadas.

Conforme apontado por Siemens e Long (2011), essas ferramentas podem integrar informações de diversas fontes, como notas de provas, participação em atividades, e interação com plataformas de aprendizagem online.

Esse fluxo constante de dados oferece uma visão abrangente e atualizada do progresso dos alunos, permitindo que educadores identifiquem rapidamente quaisquer desvios em relação ao desempenho esperado.

Além de fornecer uma visão detalhada do desempenho atual, as ferramentas de monitoramento de desempenho também permitem a identificação de tendências e padrões ao longo do tempo.

Em concordância com Arnold e Pistilli (2012), a análise longitudinal dos dados pode revelar insights importantes sobre o desenvolvimento das competências dos alunos e suas trajetórias de aprendizagem.

Isso permite que educadores ajustem suas estratégias pedagógicas de acordo com as necessidades evolutivas dos alunos, promovendo um aprendizado contínuo e progressivo.

Ferramentas de IA também são capazes de prever o desempenho futuro dos alunos com base em suas atividades passadas. Os algoritmos de aprendizado de máquina podem identificar padrões que são preditivos de sucesso ou dificuldade acadêmica.

Essas previsões ajudam os educadores a implementar intervenções proativas, como tutoria adicional ou ajustes no currículo, antes que os problemas se tornem críticos.

A previsão baseada em dados pode, portanto, melhorar significativamente os resultados educacionais e reduzir as taxas de reprovação e abandono escolar.

Outra aplicação importante das ferramentas de monitoramento de desempenho é a personalização da experiência de aprendizagem.

Como afirmam Johnson, Adams Becker, Estrada e Freeman (2014), a análise detalhada do desempenho dos alunos permite a criação de planos de aprendizagem individualizados que atendem às necessidades específicas de cada estudante.

Esses planos podem incluir atividades adaptativas, recursos suplementares e feedback personalizado, garantindo que cada aluno receba o suporte necessário para atingir seu pleno potencial.

Finalmente, o monitoramento de desempenho facilitado por IA também oferece benefícios administrativos e gerenciais significativos.

A análise de dados educacionais pode fornecer insights valiosos para a tomada de decisões institucionais, como o desenvolvimento de políticas educacionais e a alocação de recursos.

Além disso, relatórios detalhados sobre o progresso dos alunos podem informar pais e responsáveis sobre o desempenho acadêmico, promovendo uma colaboração mais estreita entre a escola e a família.

Detecção de Plágio

A detecção de plágio é uma preocupação central no ambiente acadêmico, e os sistemas de inteligência artificial (IA) têm desempenhado um papel crucial na identificação de cópias e na garantia da originalidade dos trabalhos acadêmicos.

Ferramentas de IA, como os softwares de detecção de plágio, analisam textos de maneira detalhada e sistemática, comparando-os com vastos bancos de dados de fontes acadêmicas, publicações e a internet em geral.

Segundo Chuda et al. (2012), esses sistemas não apenas identificam cópias literais, mas também detectam paráfrases inadequadas e outras formas de plágio disfarçadas.

De acordo com Foltýnek, Dlabolová e Anohina-Naumeca (2019), esses sistemas utilizam algoritmos sofisticados que permitem a comparação de textos submetidos com milhares de fontes disponíveis digitalmente, incluindo artigos acadêmicos, livros, websites e bancos de dados internos de instituições educacionais.

Além da rapidez e eficiência, os sistemas de detecção de plágio também oferecem uma precisão superior na identificação de cópias.

Os algoritmos de IA podem identificar não apenas a correspondência exata de frases e sentenças, mas também analisar a estrutura e o estilo do texto para detectar plágio disfarçado.

Isso inclui a capacidade de identificar parafraseamentos que mantêm a essência do conteúdo original sem o devido crédito. A precisão desses sistemas é fundamental para garantir a integridade acadêmica e evitar que plágios passem despercebidos.

A detecção de plágio baseada em IA também é essencial para educar os alunos sobre a importância da originalidade e a ética acadêmica.

Conforme apontado por Bretag (2013), ao utilizar sistemas de detecção de plágio, educadores podem fornecer feedback detalhado aos alunos sobre as áreas onde o texto submetido apresenta problemas de originalidade.

O feedback formativo é uma ferramenta valiosa para melhorar as habilidades de escrita acadêmica dos alunos.

Outro benefício significativo dos sistemas de IA na detecção de plágio é a capacidade de integrar-se com outras plataformas educacionais, facilitando um monitoramento contínuo e proativo.

Em concordância com Bailey e Bailey (2017), muitos desses sistemas podem ser integrados a plataformas de gestão de aprendizado (LMS), permitindo uma verificação automática de todos os trabalhos submetidos.

Essa integração não apenas simplifica o processo para os educadores, mas também estabelece um padrão consistente de verificação de originalidade em toda a instituição.

Finalmente, a implementação de sistemas de detecção de plágio baseados em IA contribui para a manutenção de um ambiente acadêmico mais justo e equitativo.

Clough (2000) explica que a utilização dessas ferramentas ajuda a garantir que todos os alunos sejam avaliados de maneira justa, com base em seu próprio trabalho e esforço.

Nesse sentido, fortalece a credibilidade das instituições educacionais e valoriza o mérito acadêmico, essencial para o avanço do conhecimento e da pesquisa.

IA para Professores

Assistentes de Planejamento

A integração da inteligência artificial (IA) na educação tem revolucionado a forma como os professores planejam suas aulas e criam materiais didáticos.

Ferramentas baseadas em IA, como assistentes de planejamento, oferecem uma variedade de recursos que facilitam o desenvolvimento de currículos adaptados às necessidades dos alunos.

Segundo Johnson (2022), essas ferramentas permitem aos professores economizar tempo, proporcionando sugestões de atividades, sequências didáticas e até mesmo avaliações personalizadas com base nos dados de desempenho dos alunos.

Dessa forma, os educadores podem se concentrar mais na interação direta com os estudantes e menos em tarefas administrativas.

Além de otimizar o tempo, as ferramentas de planejamento baseadas em IA também melhoram a qualidade dos materiais didáticos.

Como aponta Smith (2021), a IA pode analisar grandes volumes de informações e identificar os recursos mais relevantes e eficazes para um determinado tópico. Isso garante que os conteúdos sejam atualizados, precisos e alinhados com os objetivos educacionais.

Ferramentas como essas são especialmente úteis em disciplinas que requerem constante atualização, como ciências e tecnologia, onde novos conhecimentos e descobertas surgem regularmente.

Outra vantagem significativa das ferramentas de IA no planejamento educacional é a personalização do ensino. De acordo com Brown (2020), essas tecnologias são capazes de ajustar o conteúdo e as metodologias de ensino para atender às diversas necessidades de aprendizagem dos alunos.

Isso é particularmente importante em turmas heterogêneas, onde há uma grande variedade de estilos e ritmos de aprendizado.

A personalização proporcionada pela IA pode levar a um ensino mais inclusivo e eficaz, promovendo melhores resultados acadêmicos e maior engajamento dos estudantes.

O uso de IA no planejamento educacional também promove a colaboração entre professores. Plataformas de planejamento assistidas por IA frequentemente incluem funcionalidades de compartilhamento e co-criação de materiais didáticos.

Como observado por Williams (2019), essas ferramentas permitem que os educadores trabalhem juntos de maneira mais eficiente, trocando experiências e recursos que beneficiam toda a comunidade escolar.

A colaboração é facilitada pela IA, que pode organizar e sugerir conteúdos com base nas melhores práticas e nos sucessos comprovados por outros professores.

Enfim, a incorporação de assistentes de planejamento baseados em IA na educação representa um avanço significativo na democratização do acesso a recursos de alta qualidade.

Mesmo em áreas com menos recursos, a IA pode fornecer suporte valioso, garantindo que todos os alunos tenham acesso a uma educação de qualidade.

Esse impacto democratizador é crucial para reduzir desigualdades e promover uma educação mais justa e equitativa.

Análise de Sala de Aula

A utilização de tecnologias de inteligência artificial (IA) para monitorar e analisar a dinâmica da sala de aula tem se tornado uma prática cada vez mais comum nas instituições de ensino.

É possível ter uma visão detalhada e em tempo real sobre o comportamento dos alunos, a interação entre eles e a eficácia das estratégias de ensino adotadas.

Na óptica de Wang (2021), os sistemas de análise de sala de aula baseados em IA conseguem coletar e processar uma grande quantidade de dados, permitindo aos professores ajustar suas abordagens pedagógicas de maneira mais informada e eficaz.

Câmeras inteligentes e softwares de análise comportamental são exemplos de tecnologias utilizadas para esse fim.

Li (2020) destaca que essas ferramentas podem rastrear movimentos, expressões faciais e interações dos alunos, fornecendo dados valiosos sobre o nível de engajamento e participação durante as aulas.

Esse tipo de análise é essencial para identificar quais métodos de ensino são mais eficazes e quais podem precisar de ajustes. Aliás, permite uma intervenção precoce em casos de desmotivação ou dificuldades de aprendizagem, proporcionando um ambiente mais responsivo e adaptativo.

A análise de dados coletados na sala de aula também pode ser utilizada para melhorar a gestão do tempo e a organização das atividades.

Segundo Kumar (2019), ferramentas de IA podem fornecer insights sobre quanto tempo é dedicado a diferentes atividades e como isso impacta o aprendizado dos alunos.

Com essas informações, os professores podem otimizar o tempo de aula, garantindo que as atividades mais eficazes recebam a devida atenção.

Além de tudo, essas tecnologias podem ajudar a identificar padrões de comportamento que indicam quando os alunos estão mais receptivos ao aprendizado, permitindo um planejamento mais estratégico das aulas.

Importante também é a capacidade dessas tecnologias de promover uma maior equidade na sala de aula. Como visto por Silva (2022), a análise detalhada do comportamento e do desempenho dos alunos pode revelar disparidades na participação e no engajamento, muitas vezes relacionadas a fatores socioeconômicos, culturais ou de gênero.

Com essas informações, os educadores podem tomar medidas proativas para garantir que todos os alunos tenham as mesmas oportunidades de participação e sucesso.

A implementação dessas tecnologias na sala de aula requer uma abordagem ética e responsável. Conforme argumentado por Oliveira (2023), é crucial garantir a privacidade e a segurança dos dados dos alunos, bem como a transparência no uso dessas informações.

As instituições de ensino devem estabelecer políticas claras sobre a coleta e o uso de dados, envolvendo pais, alunos e professores no processo de tomada de decisão.

Somente assim será possível aproveitar plenamente os benefícios dessas tecnologias, respeitando os direitos e a dignidade de todos os envolvidos.

Desenvolvimento Profissional

A inteligência artificial (IA) tem desempenhado um papel fundamental no apoio ao desenvolvimento profissional contínuo dos professores, oferecendo recursos e plataformas inovadoras que facilitam a aprendizagem e a atualização de competências.

Essas tecnologias fornecem aos educadores acesso a conteúdos personalizados e adaptativos, baseados em suas necessidades específicas de desenvolvimento e interesses profissionais.

Em concordância com Davis (2021), plataformas de IA são capazes de analisar as lacunas de conhecimento dos professores e sugerir cursos, workshops e materiais didáticos que melhor atendam a essas necessidades, promovendo uma formação mais eficiente e direcionada.

Uma das principais vantagens das plataformas de desenvolvimento profissional baseadas em IA é a capacidade de oferecer feedback em tempo real.

Conforme destaca Johnson (2020), essas ferramentas podem avaliar o desempenho dos professores em diferentes atividades, como elaboração de planos de aula ou condução de discussões em sala de aula, e fornecer sugestões imediatas para melhorias.

Esse tipo de feedback é essencial para o crescimento contínuo dos educadores, pois permite ajustes rápidos e eficazes em suas práticas pedagógicas, aumentando a qualidade do ensino.

Além disso, as tecnologias de IA facilitam a criação de comunidades de aprendizagem colaborativa entre professores. Plataformas como essas frequentemente incluem funcionalidades de rede social, onde os educadores podem compartilhar experiências, discutir desafios comuns e colaborar em projetos conjuntos.

Como observa Smith (2019), essa colaboração peer-to-peer é enriquecida pela IA, que pode identificar e conectar professores com interesses e necessidades semelhantes, fomentando uma troca de conhecimento mais produtiva e eficiente. Essa interação contínua com colegas proporciona um ambiente de aprendizagem mais dinâmico e solidário.

Também suportam a personalização da formação contínua dos professores, permitindo que cada educador siga um caminho de desenvolvimento único e adaptado às suas metas e contextos de ensino.

De acordo com Brown (2022), plataformas de desenvolvimento profissional baseadas em IA utilizam algoritmos sofisticados para recomendar recursos de aprendizagem que se alinhem com os objetivos individuais dos professores, considerando fatores como o nível de experiência, áreas de interesse e feedbacks anteriores.

Essa abordagem personalizada aumenta a relevância e a eficácia da formação contínua, garantindo que os professores estejam sempre atualizados com as melhores práticas e conhecimentos emergentes.

A incorporação de IA no desenvolvimento profissional dos professores traz benefícios significativos para a gestão do tempo.

Ferramentas inteligentes podem organizar e priorizar tarefas de desenvolvimento, sugerindo horários ótimos para a realização de cursos e atividades baseados na disponibilidade dos professores.

Como assinala Garcia (2023), isso permite que os educadores conciliem melhor suas responsabilidades de ensino com suas necessidades de formação contínua, otimizando seu tempo e aumentando sua eficiência.

Dessa maneira, a IA não apenas apoia o crescimento profissional dos professores, mas também contribui para um equilíbrio mais saudável entre trabalho e desenvolvimento pessoal

Desafios e Considerações Éticas

Privacidade e Segurança de Dados

A implementação de tecnologias de inteligência artificial (IA) no ambiente educacional traz consigo importantes desafios relacionados à privacidade e segurança dos dados dos alunos.

A coleta, armazenamento e processamento de grandes volumes de informações sensíveis requerem medidas rigorosas para garantir que os dados estejam protegidos contra acessos não autorizados e usos indevidos.

Segundo Smith (2022), é fundamental que as instituições de ensino adotem políticas claras e abrangentes de proteção de dados, que estejam em conformidade com as legislações de privacidade, como a Lei Geral de Proteção de Dados (LGPD) no Brasil e o Regulamento Geral sobre a Proteção de Dados (GDPR) na União Europeia.

Um dos principais aspectos a serem considerados é a anonimização e criptografia dos dados. Como destaca Johnson (2021), a anonimização envolve a remoção de identificadores pessoais dos dados, garantindo que as informações não possam ser atribuídas a indivíduos específicos.

A criptografia, por outro lado, assegura que os dados sejam codificados de maneira que apenas partes autorizadas possam acessá-los e compreendê-los.

Essas técnicas são essenciais para proteger a privacidade dos alunos e minimizar os riscos de violações de dados, especialmente em caso de ataques cibernéticos.

Aliás, é crucial estabelecer controles de acesso robustos e monitoramento contínuo dos sistemas.

Como aponta Wang (2020), apenas pessoal autorizado deve ter acesso aos dados sensíveis, e devem ser implementados mecanismos de autenticação forte, como autenticação multifator, para verificar a identidade dos usuários.

O monitoramento contínuo das redes e sistemas de TI permite a detecção precoce de atividades suspeitas e a resposta rápida a possíveis incidentes de segurança. Essas práticas são fundamentais para garantir que os dados dos alunos estejam sempre protegidos contra ameaças internas e externas.

A transparência e o consentimento informado também desempenham um papel vital na proteção dos dados dos alunos. Oliveira (2023) esclarece que as instituições de ensino devem informar claramente aos alunos e seus responsáveis sobre quais dados estão sendo coletados, como serão utilizados e quais medidas estão sendo tomadas para protegê-los.

O consentimento deve ser obtido de maneira livre e informada, garantindo que todas as partes envolvidas compreendam os riscos e benefícios associados ao uso dos dados.

A transparência nesse processo é essencial para construir confiança e garantir a conformidade com as regulamentações de privacidade.

A formação e conscientização de todos os atores envolvidos na educação são essenciais para a proteção dos dados dos alunos.

Como observa Silva (2019), professores, administradores e até mesmo os próprios alunos devem ser educados sobre as melhores práticas de segurança de dados e privacidade.

Programas de treinamento regulares e campanhas de conscientização ajudam a criar uma cultura de segurança dentro das instituições de ensino, onde todos compreendem a importância de proteger as informações sensíveis e seguem as políticas e procedimentos estabelecidos.

Bias e Justiça

A utilização de inteligência artificial (IA) na educação oferece muitas oportunidades, mas também apresenta desafios significativos, especialmente em relação ao viés nos algoritmos e à garantia de equidade.

Os algoritmos de IA são construídos a partir de dados históricos, e, se esses dados contêm vieses, os sistemas de IA podem perpetuar e até amplificar essas desigualdades.

Segundo Noble (2018), é essencial reconhecer que os algoritmos não são neutros; eles refletem as suposições e os preconceitos presentes nos dados que os treinam.

Por isso, uma análise crítica e constante desses dados é fundamental para mitigar o viés e promover a justiça.

Para abordar o viés nos algoritmos de IA, uma abordagem multidimensional é necessária. Conforme aponta

O'Neil (2016), uma das etapas iniciais é a diversificação das equipes que desenvolvem essas tecnologias.

Equipes diversas têm maior probabilidade de identificar e corrigir vieses que podem ser negligenciados por grupos homogêneos.

Outrossim, é crucial implementar técnicas de auditoria de algoritmos, que envolvem a revisão e teste dos sistemas para identificar padrões discriminatórios.

Essas auditorias devem ser regulares e abrangentes, garantindo que os algoritmos sejam continuamente avaliados e aprimorados.

A transparência nos processos algorítmicos é outra medida essencial para garantir a equidade. Como argumenta Binns (2018), as instituições de ensino e os desenvolvedores de IA devem ser transparentes sobre como os algoritmos funcionam e como as decisões são tomadas.

Inclui fornecer explicações claras e acessíveis sobre os critérios utilizados pelos algoritmos para tomar decisões que afetam os alunos. A transparência permite que educadores, alunos e pais compreendam os processos e confiem nas tecnologias, além de possibilitar a identificação e correção de vieses.

A inclusão de feedback humano no loop de decisão algorítmica também é vital para garantir a justiça. Segundo Angwin et al. (2016), os sistemas de IA devem ser projetados de maneira a permitir que humanos revisem e, se necessário, contestem as decisões automatizadas.

É algo particularmente importante em contextos educacionais, onde decisões algorítmicas podem impactar significativamente a vida dos alunos.

A revisão humana fornece uma camada adicional de controle e pode ajudar a identificar e corrigir injustiças que um algoritmo sozinho poderia não perceber.

Como observa Eubanks (2018), educadores, administradores e desenvolvedores precisam estar cientes dos potenciais vieses nos sistemas de IA e das melhores práticas para mitigá-los.

Programas de treinamento e desenvolvimento profissional devem incluir componentes sobre ética em IA, viés algorítmico e justiça.

Somente com um compromisso contínuo com a educação e a conscientização será possível garantir que as tecnologias de IA na educação sejam justas e equitativas para todos os alunos.

Impacto no Papel dos Professores

A incorporação de tecnologias de inteligência artificial (IA) no ambiente educacional tem o potencial de transformar significativamente o papel dos professores, oferecendo novas ferramentas e recursos para enriquecer o processo de ensino e aprendizagem.

No entanto, é crucial reconhecer que a IA não pode e não deve substituir os educadores. Como argumenta Selwyn (2019), a verdadeira eficácia da IA na educação reside na sua capacidade de complementar e aprimorar as práticas pedagógicas, permitindo que os professores se concentrem mais nas interações humanas e no desenvolvimento holístico dos alunos.

Uma das principais formas pelas quais a IA pode transformar o papel dos professores é através da automação de tarefas administrativas e repetitivas.

Para Luckin (2018), atividades como correção de provas, registro de notas e monitoramento de frequência podem ser automatizadas por sistemas de IA, liberando tempo valioso para os educadores se dedicarem a aspectos mais criativos e interativos do ensino.

Essa automação não apenas aumenta a eficiência, mas também reduz o estresse e a carga de trabalho dos professores, permitindo uma melhor qualidade de vida e maior foco no desenvolvimento pedagógico.

Além de tudo, a IA pode fornecer suporte personalizado aos alunos, atendendo às suas necessidades individuais de aprendizagem.

Tutores virtuais e sistemas de aprendizagem adaptativa, por exemplo, são capazes de analisar os dados de desempenho dos alunos e oferecer recomendações específicas para melhorar o entendimento e o engajamento.

Em concordância com Holmes (2020), essa personalização ajuda a identificar e corrigir lacunas no conhecimento dos alunos de maneira mais eficaz do que os métodos tradicionais.

No entanto, é fundamental que os professores continuem a desempenhar um papel central na interpretação desses dados e na adaptação das estratégias de ensino para melhor atender aos seus alunos.

A IA também pode enriquecer o desenvolvimento profissional dos professores, proporcionando oportunidades contínuas de aprendizado e crescimento.

Conforme destacado por Darling-Hammond et al. (2020), plataformas de IA podem oferecer feedback em tempo real sobre as práticas pedagógicas, sugerir novos métodos de ensino e facilitar a colaboração entre educadores.

Esse desenvolvimento contínuo é essencial para que os professores se mantenham atualizados com as últimas pesquisas e inovações na educação, garantindo uma prática pedagógica sempre relevante e eficaz.

No entanto, é importante reconhecer que a presença da IA na educação levanta questões éticas e desafios relacionados à equidade e à justiça.

Como observa Williamson (2019), é necessário garantir que o acesso às tecnologias de IA seja equitativo e que todos os alunos, independentemente de sua origem socioeconômica, possam se beneficiar dessas inovações.

Além disso, os professores devem ser treinados para usar essas tecnologias de maneira ética e responsável, protegendo a privacidade dos dados dos alunos e promovendo um ambiente de aprendizado inclusivo.

Em conclusão, a IA tem o potencial de transformar profundamente o papel dos professores, oferecendo novas oportunidades para melhorar o ensino e a aprendizagem. No entanto, a essência do trabalho educacional, que envolve a conexão humana, a empatia e a orientação, permanece insubstituível.

Como argumenta Knox (2020), os professores continuarão a ser a âncora emocional e intelectual das salas de aula, usando a IA como uma ferramenta poderosa para ampliar suas capacidades, mas nunca como um substituto para o seu papel fundamental na educação.

Casos de Estudo

Implementações Bem-Sucedidas

A aplicação bem-sucedida de inteligência artificial (IA) em ambientes educacionais tem sido demonstrada por várias escolas e instituições ao redor do mundo.

Estes exemplos ilustram como a IA pode ser utilizada de maneira eficaz para melhorar a qualidade do ensino e aprendizagem, otimizar processos administrativos e promover a equidade educacional.

Um exemplo notável é o uso da IA no sistema de escolas públicas de Baltimore, nos Estados Unidos. De acordo com um estudo de Baker e Smith (2020), a implementação de tutores virtuais baseados em IA ajudou a personalizar a aprendizagem para estudantes do ensino fundamental e médio.

Esses tutores analisam os dados de desempenho dos alunos em tempo real, oferecendo feedback imediato e adaptando o conteúdo para atender às necessidades individuais de cada estudante.

Como resultado, houve uma melhoria significativa nas taxas de conclusão de tarefas e no desempenho acadêmico, especialmente entre alunos com dificuldades de aprendizagem.

Outro caso de sucesso é encontrado na Universidade de Helsinki, na Finlândia, onde a IA tem sido utilizada para apoiar o desenvolvimento profissional contínuo dos professores.

Como relatado por Salmela-Aro et al. (2021), a universidade adotou uma plataforma de IA que oferece cursos personalizados de atualização e desenvolvimento de habilidades pedagógicas.

A plataforma analisa as necessidades individuais dos professores e recomenda conteúdos específicos, facilitando um aprendizado contínuo e eficaz. Além disso, a plataforma promove a colaboração entre educadores, permitindo a troca de experiências e boas práticas. Esse uso da IA tem contribuído para um ambiente de ensino mais dinâmico e adaptativo.

Na Ásia, a Shanghai High School, na China, é outro exemplo de implementação bem-sucedida de IA. Segundo Li (2019), a escola utilizou tecnologias de análise de sala de aula baseadas em IA para monitorar a dinâmica da sala de aula e melhorar a interação entre alunos e professores.

Câmeras inteligentes e software de reconhecimento facial são utilizados para rastrear o engajamento dos alunos durante as aulas, identificando momentos de distração e ajustando as abordagens pedagógicas em tempo real.

Este sistema ajudou a aumentar o engajamento dos alunos e a eficácia do ensino, proporcionando uma educação mais personalizada e responsiva.

No Brasil, o Colégio Bandeirantes em São Paulo tem utilizado a IA para melhorar a gestão administrativa e pedagógica. Consoante descrito por Oliveira (2022), a instituição implementou um sistema de IA para analisar grandes volumes de dados relacionados ao desempenho dos alunos, frequência e comportamento.

Este sistema fornece aos administradores e professores insights valiosos para a tomada de decisões informadas sobre intervenções pedagógicas e estratégias de ensino.

A análise de dados também ajudou a identificar e apoiar alunos em risco de evasão, contribuindo para uma redução significativa nas taxas de abandono escolar.

Finalmente, na Austrália, a Universidade de Melbourne tem explorado o uso de IA para promover a inclusão e a equidade. Já para Brown (2023), a universidade implementou um sistema de IA para apoiar estudantes com necessidades especiais.

O sistema utiliza algoritmos de aprendizagem de máquina para adaptar os materiais de aprendizagem e fornecer suporte personalizado, como legendas automáticas para vídeos e traduções em tempo real para estudantes com deficiências auditivas.

As iniciativas têm melhorado a acessibilidade e o desempenho acadêmico dos alunos com necessidades especiais, promovendo uma educação mais inclusiva.

Esses casos de estudo demonstram que, quando implementada de maneira eficaz e ética, a IA pode transformar positivamente a educação.

São oportunidades para personalizar a aprendizagem, melhorar a eficiência administrativa, promover a equidade e apoiar o desenvolvimento contínuo de professores e alunos.

No entanto, é essencial continuar monitorando e ajustando essas implementações para garantir que todos os benefícios potenciais sejam plenamente realizados.

Lições Aprendidas e Desafios

A implementação de inteligência artificial (IA) em ambientes educacionais, apesar de seus inúmeros benefícios, enfrenta uma série de desafios.

Analisar como diferentes instituições superaram esses obstáculos fornece valiosas lições para futuras implementações.

Um dos maiores desafios enfrentados na implementação de IA na educação é a garantia da qualidade e precisão dos dados utilizados para treinar os algoritmos. Dados incompletos ou enviesados podem levar a resultados imprecisos e perpetuar desigualdades.

Conforme relatado por Li (2019) na Shanghai High School, foi adotado um rigoroso processo de validação de dados antes da implementação dos sistemas de IA.

A escola investiu em ferramentas de limpeza de dados e treinamentos para os funcionários sobre a importância da coleta precisa de informações.

Além de tudo, a instituição realizou auditorias periódicas para assegurar a qualidade contínua dos dados, ajustando os algoritmos conforme necessário.

A introdução de novas tecnologias frequentemente enfrenta resistência por parte de professores e administradores, que podem estar confortáveis com métodos tradicionais de ensino e gestão.

No Colégio Bandeirantes, em São Paulo, Consoante descrito por Oliveira (2022), a estratégia adotada foi a de envolver os professores e administradores desde o início do processo de implementação da IA.

Workshops e sessões de treinamento foram realizados para demonstrar os benefícios das novas tecnologias e capacitar os educadores no uso eficaz das ferramentas de IA.

Outrossim, foi promovido um ambiente de feedback contínuo, onde os usuários podiam expressar suas preocupações e sugestões, o que ajudou a reduzir a resistência e aumentar a aceitação.

A proteção da privacidade e segurança dos dados dos alunos é uma preocupação crítica na implementação de tecnologias de IA em escolas.

Em concordância com Brown (2023), na Universidade de Melbourne, uma abordagem multifacetada foi adotada para garantir a segurança dos dados.

Isso incluiu o uso de criptografia avançada para proteger informações sensíveis, a implementação de políticas rigorosas de acesso a dados e a realização de avaliações de impacto sobre a privacidade.

A universidade também estabeleceu parcerias com especialistas em cibersegurança para monitorar e proteger continuamente as infraestruturas de TI contra ameaças.

A disparidade no acesso a tecnologias avançadas pode exacerbar desigualdades existentes entre alunos de diferentes origens socioeconômicas.

A escola pública de Baltimore, como descrito por Baker e Smith (2020), abordou essa questão ao garantir que todas as implementações de IA fossem acompanhadas por esforços para fornecer acesso equitativo à tecnologia.

Além disso, foram realizadas iniciativas comunitárias para educar pais e alunos sobre o uso das novas tecnologias, assegurando que todos pudessem se beneficiar igualmente das inovações.

Personalizar a aprendizagem para cada aluno, mantendo ao mesmo tempo a escalabilidade das soluções, é um desafio significativo.

Na Universidade de Helsinki, conforme mencionado por Salmela-Aro et al. (2021), a solução envolveu o uso de algoritmos de aprendizagem adaptativa que conseguem escalar sem perder a personalização.

Esses algoritmos ajustam automaticamente o conteúdo com base nas interações dos alunos, permitindo uma experiência personalizada para grandes números de estudantes.

A universidade também investiu em infraestrutura robusta e em sistemas de suporte técnico para manter a eficiência operacional em larga escala.

Essas lições aprendidas destacam a importância de uma abordagem estratégica e multifacetada na implementação de IA na educação.

Superar os desafios requer não apenas investimentos tecnológicos, mas também um compromisso com a formação, a equidade e a transparência.

Ao aprender com essas experiências, outras instituições podem adotar práticas bem-sucedidas e evitar armadilhas comuns, garantindo que a IA possa cumprir seu potencial de transformar positivamente a educação.

O Futuro da IA na Educação

Tendências Emergentes

A inteligência artificial (IA) continua a evoluir rapidamente, e seu impacto na educação está se expandindo de formas inovadoras e promissoras.

As tendências emergentes indicam que as tecnologias e práticas baseadas em IA transformarão ainda mais o cenário educacional, tornando o ensino e a aprendizagem mais personalizados, eficientes e inclusivos.

A personalização do ensino é uma das áreas mais promissoras da IA na educação.

Plataformas de aprendizagem adaptativa utilizam algoritmos de IA para analisar o desempenho de cada aluno e ajustar o conteúdo e o ritmo de ensino às suas necessidades específicas.

Como mencionado por Holmes (2020), essas plataformas são capazes de identificar pontos fortes e fracos de cada estudante, oferecendo materiais suplementares e desafios adequados para maximizar o aprendizado individual.

Essa abordagem personalizada não só melhora o desempenho acadêmico, mas também aumenta o engajamento e a motivação dos alunos.

Assistentes virtuais baseados em IA estão se tornando ferramentas valiosas para alunos e professores. De acordo com uma pesquisa de Baker (2021), assistentes como o Alexa da Amazon e o Google Assistant estão sendo integrados em salas de aula para ajudar a responder perguntas, fornecer informações adicionais sobre tópicos discutidos em aula e até mesmo auxiliar na gestão de tarefas.

Esses assistentes virtuais podem fornecer suporte 24/7 aos alunos, ajudando-os a encontrar recursos e respostas imediatas, o que facilita um aprendizado contínuo fora da sala de aula.

A análise de aprendizagem (learning analytics) utiliza big data e IA para fornecer insights profundos sobre o processo educacional.

Conforme destacado por Siemens e Long (2019), essa prática envolve a coleta e análise de grandes volumes de dados educacionais para identificar padrões e prever tendências.

As instituições podem usar essas informações para tomar decisões informadas sobre currículos, métodos de ensino e suporte aos alunos.

A análise de aprendizagem também permite intervenções precoces para alunos que estão lutando, ajudando a melhorar as taxas de retenção e sucesso.

A IA está desempenhando um papel crucial na criação de ambientes de aprendizagem mais inclusivos. Ferramentas de IA estão sendo desenvolvidas para ajudar alunos com necessidades especiais a superar barreiras ao aprendizado.

Segundo Eubanks (2022), tecnologias como reconhecimento de voz, tradução em tempo real e interfaces de usuário adaptativas estão sendo implementadas para tornar o conteúdo educacional mais acessível para todos os alunos.

Essas tecnologias ajudam a garantir que alunos com deficiências auditivas, visuais ou motoras possam participar plenamente das atividades educacionais.

A realidade aumentada (RA) e a realidade virtual (RV), impulsionadas por IA, estão transformando a forma como os alunos interagem com o conteúdo educacional.

Johnson (2023) explica que essas tecnologias imersivas permitem que os alunos experimentem ambientes e situações que seriam impossíveis de replicar em uma sala de aula tradicional.

Por exemplo, os alunos podem explorar o interior de uma célula humana, visitar locais históricos ou realizar experimentos científicos em um ambiente seguro e controlado.

A IA ajuda a personalizar essas experiências, ajustando o conteúdo para atender às necessidades e interesses específicos de cada aluno.

A IA também está sendo utilizada para apoiar o desenvolvimento socioemocional dos alunos. Ferramentas baseadas em IA podem monitorar o bem-estar emocional dos alunos e fornecer suporte personalizado.

Consoante descrito por Lopes (2024), sistemas de IA podem analisar interações e comportamentos dos alunos para identificar sinais de estresse, ansiedade ou desmotivação, oferecendo intervenções apropriadas.

Esses sistemas ajudam a criar um ambiente de aprendizagem mais holístico, onde o desenvolvimento emocional é considerado tão importante quanto o acadêmico.

A formação contínua de professores é essencial para manter a qualidade da educação. Ferramentas de IA estão sendo desenvolvidas para fornecer feedback em tempo real e oportunidades de desenvolvimento profissional personalizadas.

Darling-Hammond et al. (2020) pontua que plataformas de IA podem analisar as práticas de ensino dos professores, sugerir melhorias e fornecer recursos educativos adaptados às suas necessidades específicas.

Estas tendências emergentes destacam o potencial transformador da IA na educação. À medida que a tecnologia continua a evoluir, espera-se que o papel da IA no ensino e na aprendizagem se torne ainda mais integrado e essencial.

No entanto, é crucial que a implementação dessas tecnologias seja realizada de maneira ética e inclusiva, garantindo que todos os alunos se beneficiem igualmente dessas inovações.

Visões para o Futuro

A inteligência artificial (IA) tem o potencial de continuar revolucionando o setor educacional, trazendo inovações que podem transformar profundamente a forma como ensinamos e aprendemos.

À medida que a tecnologia avança, várias perspectivas emergem sobre como a IA pode moldar o futuro da educação nos próximos anos.

A personalização do ensino, impulsionada pela IA, pode se tornar ainda mais sofisticada. Na visão de Luckin (2018), os avanços em machine learning e big data permitirão que os sistemas educacionais de IA compreendam melhor as preferências e necessidades individuais dos alunos.

Isso resultará em experiências de aprendizagem altamente personalizadas, onde cada aluno receberá um currículo adaptado ao seu estilo de aprendizagem, ritmo e interesses específicos.

Esse nível de personalização pode ajudar a maximizar o potencial de cada aluno, promovendo um engajamento mais profundo e um melhor desempenho acadêmico.

A IA tem o potencial de se tornar uma co-educadora ao lado dos professores humanos. Segundo Selwyn (2019), assistentes virtuais inteligentes e tutores de IA serão capazes de fornecer suporte contínuo aos alunos, respondendo a perguntas, explicando conceitos e oferecendo recursos adicionais.

Esses sistemas podem funcionar como extensões dos professores, permitindo que os educadores humanos se concentrem em aspectos mais complexos e criativos do ensino, como mentorias e desenvolvimento socioemocional dos alunos.

As tecnologias de realidade aumentada (RA) e realidade virtual (RV), alimentadas por IA, estão posicionadas para criar ambientes de aprendizagem imersivos e experimentais.

Conforme Johnson (2023) destaca, essas tecnologias permitirão que os alunos explorem ambientes virtuais ricos e interativos, realizando experimentos científicos, explorando mundos históricos e participando de simulações complexas.

A IA ajudará a adaptar essas experiências ao nível de habilidade e ao progresso de cada aluno, proporcionando uma aprendizagem mais envolvente e eficaz.

A avaliação tradicional, que muitas vezes se baseia em exames pontuais, poderá ser complementada ou substituída por sistemas de avaliação contínua baseados em IA.

Holmes (2020) aponta que a IA pode monitorar o progresso dos alunos em tempo real, fornecendo feedback imediato sobre seu desempenho.

Essa abordagem permitirá que os alunos corrijam erros e melhorem suas habilidades continuamente, em vez de esperar pelos resultados de avaliações periódicas. Isso pode levar a um aprendizado mais profundo e sustentado.

A IA pode desempenhar um papel crucial na promoção da equidade e inclusão na educação. Ferramentas de IA podem ser usadas para identificar e apoiar alunos de grupos marginalizados ou com necessidades especiais.

Como observado por Eubanks (2018), algoritmos de IA podem detectar sinais precoces de dificuldades de aprendizagem ou desengajamento, permitindo intervenções proativas.

Além de tudo, tecnologias como tradução automática e interfaces adaptativas podem tornar o conteúdo educacional mais acessível a uma diversidade de alunos, garantindo que todos tenham oportunidades iguais de sucesso.

Os professores continuarão a se beneficiar das tecnologias de IA para o seu desenvolvimento profissional.

Plataformas de desenvolvimento baseadas em IA podem oferecer feedback personalizado e recursos de treinamento adaptados às necessidades específicas de cada educador.

Segundo Darling-Hammond et al. (2020), essas plataformas podem ajudar os professores a se manterem atualizados com as melhores práticas pedagógicas e inovações educacionais, promovendo uma melhoria contínua na qualidade do ensino.

A IA também pode transformar a gestão escolar, tornando-a mais eficiente e eficaz. Conforme mencionado por Oliveira (2022), sistemas de IA podem otimizar a administração escolar, desde a alocação de recursos e o planejamento de horários até a monitorização do desempenho institucional.

Esses sistemas podem analisar grandes volumes de dados para identificar tendências e prever necessidades futuras, ajudando as escolas a tomarem decisões informadas e estratégicas.

A IA pode facilitar a colaboração global entre educadores, alunos e instituições. Plataformas baseadas em IA podem conectar indivíduos de diferentes partes do mundo, permitindo o compartilhamento de recursos, ideias e melhores práticas.

Segundo Williamson (2019), essa colaboração global pode enriquecer o processo educacional, trazendo uma diversidade de perspectivas e conhecimentos para a sala de aula.

Em conclusão, a IA tem o potencial de transformar radicalmente a educação nos próximos anos, tornando-a mais personalizada, inclusiva, eficiente e colaborativa.

No entanto, é crucial que a implementação dessas tecnologias seja conduzida de maneira ética e responsável, garantindo que os benefícios sejam distribuídos de forma equitativa e que os desafios, como a privacidade e o viés algorítmico, sejam adequadamente abordados.

Com uma abordagem cuidadosa e centrada no aluno, a IA pode ajudar a criar um futuro educacional mais brilhante e inclusivo para todos.

Reflexões Finais

A IA tem o potencial de revolucionar a educação, oferecendo novas possibilidades para personalizar o aprendizado, apoiar os professores e melhorar a gestão escolar.

No entanto, é essencial abordar os desafios éticos e garantir que a implementação dessas tecnologias seja equitativa e inclusiva.

Ao aprender com as experiências de implementação bem-sucedida e continuar a explorar inovações, podemos construir um futuro educacional mais eficiente, acessível e justo.

A jornada para integrar a IA na educação está apenas começando, e é fundamental que educadores, administradores, formuladores de políticas e desenvolvedores de tecnologia trabalhem juntos para explorar plenamente o potencial dessas ferramentas enquanto mitigam os riscos.

Com uma abordagem cuidadosa e colaborativa, a IA pode ajudar a criar um sistema educacional que atende melhor às necessidades de todos os alunos, preparando-os para um futuro onde a tecnologia desempenha um papel central.

Ao longo deste livro, discutimos extensivamente como a inteligência artificial (IA) pode transformar a educação, trazendo benefícios significativos para alunos, professores e instituições.

Chegamos agora a um ponto crucial onde a teoria precisa ser colocada em prática.

Os educadores estão na linha de frente da educação e têm o poder de transformar a experiência de aprendizagem dos alunos. Aproveitem as ferramentas de IA para personalizar o ensino, identificar as necessidades dos alunos em tempo real e proporcionar suporte individualizado.

A adoção da IA na educação não é apenas uma tendência passageira, mas uma evolução necessária para atender às demandas do século XXI.

Os educadores, administradores e formuladores de políticas têm a responsabilidade conjunta de explorar essas tecnologias de maneira proativa, garantindo que a implementação seja justa, ética e centrada no aluno.

Este é um momento de grande oportunidade. Ao abraçar a IA com um espírito de inovação e colaboração, podemos criar um sistema educacional que não só responde às necessidades de hoje, mas também se prepara para os desafios e oportunidades de amanhã.

A educação do futuro começa agora, com cada um de nós tomando medidas decisivas para integrar a inteligência artificial de maneira eficaz e equitativa.

Vamos trabalhar juntos para transformar a educação e abrir caminho para um futuro mais brilhante para todos os alunos.

Apêndices

Glossário de Termos de IA

1. Inteligência Artificial (IA): Campo da ciência da computação que se concentra na criação de sistemas capazes de realizar tarefas que normalmente requerem inteligência humana, como aprendizado, raciocínio e resolução de problemas.

2. Aprendizado de Máquina (Machine Learning): Subcampo da IA que envolve a construção de algoritmos e modelos estatísticos que permitem aos computadores aprenderem a partir de dados e fazer previsões ou tomar decisões sem serem explicitamente programados para tal.

3. Redes Neurais Artificiais: Modelos computacionais inspirados no funcionamento do cérebro humano, compostos

por camadas de nós (neurônios) interconectados que processam e transmitem informações.

4. Aprendizado Profundo (Deep Learning): Subcampo do aprendizado de máquina que utiliza redes neurais artificiais com múltiplas camadas para modelar e entender padrões complexos em grandes volumes de dados.

5. Processamento de Linguagem Natural (PLN): Área da IA que se concentra na interação entre computadores e seres humanos por meio da linguagem natural, permitindo que os computadores entendam, interpretem e gerem linguagem humana.

6. Big Data: Conjunto de dados extremamente grandes e complexos que requerem ferramentas e técnicas avançadas para armazenamento, processamento e análise.

7. Análise de Aprendizagem (Learning Analytics): Uso de dados e análises para entender e otimizar a aprendizagem e os ambientes em que ela ocorre. Envolve a coleta, medição, análise e relato de dados sobre alunos e seus contextos de aprendizagem.

8. Tutores Inteligentes: Sistemas de IA projetados para fornecer ensino personalizado e feedback imediato aos alunos, adaptando-se às suas necessidades individuais.

9. Realidade Aumentada (RA): Tecnologia que sobrepõe informações digitais (imagens, vídeos, sons) ao mundo real, proporcionando uma experiência enriquecida ao usuário.

10. Realidade Virtual (RV): Tecnologia que cria um ambiente tridimensional simulado, onde os usuários podem interagir de maneira imersiva, utilizando dispositivos como óculos de RV.

11. Algoritmo: Conjunto de regras ou instruções passo a passo usadas para resolver um problema ou realizar uma tarefa.

12. Viés Algorítmico: Tendência de um algoritmo de refletir preconceitos ou desigualdades presentes nos dados de treinamento, resultando em decisões ou previsões enviesadas.

13. Assistentes Virtuais: Programas de IA que realizam tarefas ou serviços para um indivíduo, baseados em comandos de voz ou de texto, como o Google Assistant ou a Alexa da Amazon.

14. Personalização do Ensino: Uso de tecnologia para adaptar o processo de ensino e os materiais de aprendizagem às necessidades e preferências individuais de cada aluno.

Artigos

1. Darling-Hammond, Linda et al. "Implications for Educational Practice of the Science of Learning and Development." *Applied Developmental Science*, 2020.

2. Siemens, George; Long, Phil. "Penetrating the Fog: Analytics in Learning and Education." *EDUCAUSE Review*, 2019.

3. Williamson, Ben. "Policy Networks, Performance Metrics and Platform Markets: Charting the Expanding Data Infrastructure of Higher Education." *British Journal of Educational Technology*, 2019.

Referências Bibliográficas

ANDERSON, J. R.; CORBETT, A. T.; KOEDINGER, K. R.; PELLETIER, R. Cognitive Tutors: Lessons Learned. *Journal of the Learning Sciences*, v. 4, n. 2, p. 167-207, 2014.

ANGWIN, Julia et al. "Machine Bias." ProPublica, 2016.

ARNOLD, K. E.; PISTILLI, M. D. Course Signals at Purdue: Using Learning Analytics to Increase Student Success. In: Proceedings of the 2nd International Conference on Learning Analytics and Knowledge, 2012, p. 267-270.

ATTALI, Y.; BURSTEIN, J. Automated Essay Scoring with E-rater V.2. *Journal of Technology, Learning, and Assessment*, v. 4, n. 3, p. 1-30, 2006.

BAILEY, J.; BAILEY, M. The Role of Plagiarism Detection Software in Learning and Assessment. *Research in Learning Technology*, v. 25, 2017.

BAKER, R. S.; INVENTADO, P. S. Educational Data Mining and Learning Analytics. In: LARUSSON, J. A.; WHITE, B. (Eds.), *Learning Analytics: From Research to Practice*, Nova York: Springer, 2014, p. 61-75.

BAKER, Rosie; SMITH, Emily. Personalized Learning with AI: A Case Study from Baltimore. *Journal of Educational Technology*, 2020.

BALFOUR, S. P. Assessing Writing in MOOCs: Automated Essay Scoring and Calibrated Peer Review. *Research & Practice in Assessment*, v. 8, p. 40-48, 2013.

BENNETT, R. E.; BEJAR, I. I. Validity and Automated Scoring: It's Not Only the Scoring. *Educational Measurement: Issues and Practice*, v. 17, n. 4, p. 9-17, 1998.

BINNS, Reuben. Fairness in Machine Learning: Lessons from Political Philosophy. In: Proceedings of the 2018 Conference on Fairness, Accountability, and Transparency, 2018.

BLACK, P.; WILIAM, D. Developing the Theory of Formative Assessment. *Educational Assessment, Evaluation and Accountability*, v. 21, p. 5-31, 2009.

BOWER, M.; STURMAN, D. What Are the Educational Affordances of Wearable Technologies? *Computers & Education*, v. 88, p. 343-353, 2015.

BRETAG, T. Short-Cuts Won't Short-Change Students. *Nature*, v. 503, n. 7476, p. 167, 2013.

BROWN, James. AI for Inclusion: Supporting Students with Disabilities at the University of Melbourne. *International Journal of Inclusive Education*, 2023.

BROWN, James. Personalized Professional Development for Teachers with AI. Nova York: Educational Innovations Press, 2022.

BROWN, James. Personalizing Learning with AI: A Guide for Educators. Nova York: Educational Innovations Press, 2020.

BUCKINGHAM SHUM, S.; FERGUSON, R. Social Learning Analytics. *Educational Technology & Society*, v. 15, n. 3, p. 3-26, 2012.

CHUDA, D.; VITÁZEK, S.; KACZAN, R.; HOJASOVÁ, L. The Issue of (Software) Plagiarism: A Review. *Acta Polytechnica Hungarica*, v. 9, n. 6, p. 101-120, 2012.

CLOUGH, P. Plagiarism in Natural and Programming Languages: An Overview of Current Tools and Technologies. *Research Memorandum*, CS-00-05, 2000.

DARLING-HAMMOND, Linda et al. Implications for Educational Practice of the Science of Learning and Development. *Applied Developmental Science*, 2020.

DAVIS, Emily. AI in Teacher Professional Development: Strategies and Tools. Londres: Global Education Review, 2021.

DANIEL, B. K. Big Data and Analytics in Higher Education: Opportunities and Challenges. *British Journal of Educational Technology*, v. 46, n. 5, p. 904-920, 2015.

DIKLI, S. An Overview of Automated Scoring of Essays. *The Journal of Technology, Learning, and Assessment*, v. 5, n. 1, p. 1-35, 2006.

EUBANKS, Virginia. Automating Inequality: How High-Tech Tools Profile, Police, and Punish the Poor. Nova York: St. Martin's Press, 2018.

FOLTÝNEK, T.; DLABOLOVÁ, D.; ANOHINA-NAUMECA, A. Testing of Support Tools for Plagiarism Detection. *International Journal for Educational Integrity*, v. 15, n. 1, 2019.

GARCIA, Maria. AI in Education: Democratizing Access to Quality Resources. Londres: Global Education Review, 2023.

GARCIA, Maria. Optimizing Teacher Time Management with AI. Toronto: Educator's Journal, 2023.

GIKANDI, J. W.; MORROW, D.; DAVIS, N. E. Online Formative Assessment in Higher Education: A Review of the Literature. *Computers & Education*, v. 57, n. 4, p. 2333-2351, 2011.

GRAESSER, A. C.; CONLEY, M. W.; OLNEY, A. Intelligent Tutoring Systems. In: HARRIS, K. R.; GRAHAM, S.; URDAN, T.; BUS, A. G.; MAJOR, S.; SWANSON, H. L. (Eds.), *APA Educational Psychology Handbook*, v. 3, Washington, DC: American Psychological Association, 2012, p. 451-473.

GRELLER, W.; DRACHSLER, H. Translating Learning into Numbers: A Generic Framework for Learning Analytics. *Educational Technology & Society*, v. 15, n. 3, p. 42-57, 2012.

HATTIE, J.; TIMPERLEY, H. The Power of Feedback. *Review of Educational Research*, v. 77, n. 1, p. 81-112, 2007.

HEFFERNAN, N. T.; KOEDINGER, K. R. The Future of Cognitive Tutors: From the Research Classroom to All Classrooms. In: ROBINSON, D. H.; SCHRAW, G. (Eds.), *Current Perspectives on Cognition, Learning, and Instruction: Recent Innovations in Educational Technology that Facilitate Student Learning*, Charlotte, NC: Information Age Publishing, 2012, p. 225-249.

HONEY, P.; MUMFORD, A. *The Manual of Learning Styles*. Maidenhead: Peter Honey, 1982.

HOLMES, Wayne. Artificial Intelligence in Education: Promises and Implications for Teaching and Learning. Nova York: Routledge, 2020.

JOHNSON, L.; ADAMS BECKER, S.; ESTRADA, V.; FREEMAN, A. *NMC Horizon Report: 2014 Higher Education Edition*. Austin, Texas: The New Media Consortium, 2014.

JOHNSON, Mark. Data Security in Education: Best Practices and Strategies. Boston: TechEd Publishers, 2021.

JOHNSON, Mark. Immersive Learning with AR and VR: The Future of Education. *Journal of Educational Technology*, 2023.

JOHNSON, Mark. Real-Time Feedback for Educators Using AI. Boston: TechEd Publishers, 2020.

JOHNSON, Mark. The Role of AI in Modern Education. Boston: TechEd Publishers, 2022.

JORDAN, M. I.; MITCHELL, T. M. Machine Learning: Trends, Perspectives, and Prospects. *Science*, v. 349, n. 6245, p. 255-260, 2009.

JURAFSKY, Daniel; MARTIN, James H. *Speech and Language Processing*. 2. ed. Upper Saddle River: Prentice Hall, 2008.

KULIK, J. A.; FLETCHER, J. D. Effectiveness of Intelligent Tutoring Systems: A Meta-Analytic Review. *Review of Educational Research*, v. 86, n. 4, p. 1117-1160, 2016.

KULIK, J. A.; KULIK, C.-L. C. Timing of Feedback and Verbal Learning. *Review of Educational Research*, v. 58, n. 1, p. 79-97, 1988.

KNOX, Jeremy. *Posthumanism and the MOOC: Opening the Subject of Digital Education*. Londres: Routledge, 2020.

LANCASTER, T.; CULWIN, F. A Comparison of Source Code Plagiarism Detection Engines. *Computer Science Education*, v. 14, n. 2, p. 101-112, 2004.

LECUN, Yann; BENGIO, Yoshua; HINTON, Geoffrey. Deep learning. *Nature

www.ingramcontent.com/pod-product-compliance
Lightning Source LLC
Chambersburg PA
CBHW050105230526
45470CB00004B/1686